FORSCHUNGSBERICHT DES LANDES NORDRHEIN-WESTFALEN

Nr. 3004 / Fachgruppe Physik/Chemie/Biologie

Herausgegeben vom Minister für Wissenschaft und Forschung

Dr. Magdala Gronau
Prof. Dr. Siegfried Methfessel
Institut für Experimentalphysik
Lehrstuhl IV
der Ruhr-Universität Bochum

# Amorphe SmCo-Magnetschichten

Springer Fachmedien Wiesbaden GmbH

CIP-Kurztitelaufnahme der Deutschen Bibliothek

Gronau, Magdala:
Amorphe SmCo-Magnetschichten / Magdala Gronau ;
Siegfried Methfessel. - Opladen : Westdeutscher
Verlag, 1981.
   (Forschungsberichte des Landes Nordrhein-
   Westfalen ; Nr. 3004 : Fachgruppe Physik/
   Chemie/Biologie)
   ISBN 978-3-531-03004-3          ISBN 978-3-322-88130-4 (eBook)
   DOI 10.1007/978-3-322-88130-4
NE: Methfessel, Siegfried:; Nordrhein-Westfalen:
Forschungsberichte des Landes ...



ISBN 978-3-531-03004-3

I N H A L T

1. <u>Einleitung</u>

Kristallines $SmCo_5$ ist z.Z. das Magnetmaterial mit dem
höchsten Energieprodukt von $(BH)_{max} \approx$ 15-20 MGOe. Verantwortlich dafür ist die hohe Kristallanisotropie von
ca. $2 \cdot 10^8$ erg cm$^{-3}$, deren Ursache trotz vielfältiger Untersuchungen bisher nicht voll verstanden ist.
Amorphes Material gibt zu diesem Problem neue Gesichts-
punkte:

- wie weit mittelt sich die Kristallanisotropie im
  nichtkristallinen Zustand heraus?

- besteht eine atomare Nahordnung im amorphen Zustand?

- kann diese Nahordnung im äußeren Magnetfeld während
  der Probenherstellung ausgerichtet werden?

- wie ändert sich die Kristallanisotropie beim kontrol-
  lierten Kristallisieren?

- kann durch Kristallisieren im Magnetfeld eine Ausrichtung der Kristallite erreicht werden?

Da $SmCo_5$ sehr spröde und mechanisch nur schlecht bearbeitbar
ist, wäre die Herstellung von Folien oder Schichten mit vor-
gebbaren magnetischen Eigenschaften z.B. durch Aufdampfen
auch technisch interessant. In der vorliegenden Arbeit wird
das Aufdampfen von SmCo-Schichten im Vakuum beschrieben
und deren strukturelles, magnetisches und elektrisches
Verhalten bei verschiedener chemischer Zusammensetzung und
Temperatur untersucht.

Bisher wurden amorphe und kristalline SmCo-Schichten durch
Plasma-Sprühen (1,7), Sputter-Techniken (2-5,8) und durch
Aufdampfen der Elemente aus getrennten Quellen (6) hergestellt. Dies sind meist Einzelarbeiten, deren Ergebnisse
nicht fortgeführt wurden.

Untersucht wurden Schichten der Zusammensetzung $SmCo_5$
(1,2,4,5) mit dem Ziel der Maximierung des Koerzitivfeldes (1,2) oder der Nutzung als Wasserstoffspeicher (4).
Die Konzentrationsabhängigkeit magnetischer Eigenschaften
wurde in (2,3,6) untersucht. Die wesentlichen Ergebnisse
sind in der nachfolgenden Tabelle zusammengestellt
(s. Seite 3).

In dieser Arbeit wurden an aufgedampften SmCo-Schichten
folgende Messungen durchgeführt:

1. Röntgenfluoreszenzanalyse
2. Auger-Analyse
3. Schichtdickenbestimmung nach Tolanski
4. Magnetisierungsmessungen
5. Domänenbeobachtung mit Bitter-Technik
6. Elektrische Widerstandsmessungen
7. Transmissionselektronenmikroskopie
8. Rasterelektronenmikroskopie.

Magnetische Eigenschaften von SmCo-Schichten

| Herstellung | Lit. | Zusammens. | Strukt. | $H_C$ | $H_K$ | $K/\mathrm{erg\ cm^{-3}}$ | magn.Mom. | Wärmebehandlung |
|---|---|---|---|---|---|---|---|---|
| Plasma-Spr. | 1 | $SmCo_5$ | krist. | 2kOe | isotr. | - | - | Tempern:$600^{\circ}C$,1/2h<br>$\rightarrow H_C=12$kOe |
| Sputtern | 2 | $SmCo_5$<br>$SmCo_{5-x}Cu_x$ | amorph<br>krist. | $H_C=f(T_{Sub})$<br>$H_C^{max}=30$kOe | isotr. | - | - | Tempern:$500-600^{\circ}C$<br>$\rightarrow H_C$ bleibt gleich od.<br>nimmt ab<br>krist.Substr.: $H_C$ klein<br>dicke Filme: $H_C$ klein |
| Sputtern | 3 | $SmCo_x$ | krist. | $H_C^{max}=4$kOe | isotr. | - | f(x) | $T_{Sub}> 600^{\circ}C$ |
| Sputtern | 4 | $SmCo_5$ | amorph | - | - | - | - | Unters.d.Hydrierungs-<br>kinetik |
| Sputtern | 5 | $SmCo_5$ | amorph | 500 Oe | isotr. | $-1.5\ 10^5$ | - | Tempern:$M_s$ nimmt zu<br>bei hohen Temp.:Aus-<br>scheidung von Co<br>$T_C$(am.) $> T_C$(krist.) |
| Aufd. d.<br>Elemente<br>aus getr.<br>Quellen | 6 | $SmCo_x$ | amorph<br>krist. | $H_C^{max}=13$kOe | isotr. | - | f(x) | $T_{Sub}>250^{\circ}C$: Schichten<br>krist.<br>krist.Schichten: Textur<br>(c-Achsen in Schichtebene) |

## 2. Herstellung der SmCo-Schichten

Eine vorhandene Vakuumanlage wurde für das Flash-Verdampfen
von SmCo-Verbindungen eingerichtet. Dieses Verfahren wurde
gewählt, um unerwünschte Aufdampfanisotropien wie sie z.B.
beim Aufdampfen aus 2 Quellen auftreten (13) zu vermeiden.
Fig. 1 zeigt eine Prinzipskizze der Aufdampfanordnung.

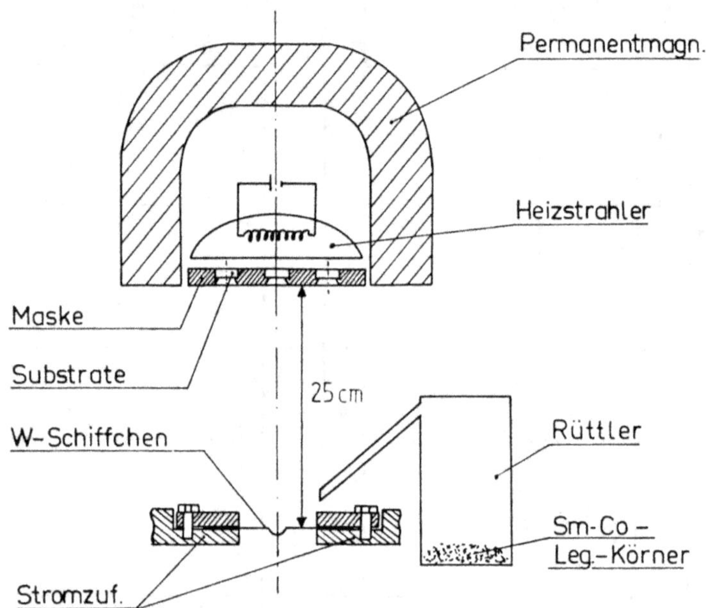


Fig. 1     Prinzipskizze der Aufdampfanordnung

Körniges SmCo-Material wird über eine Rütteleinrichtung auf
das ca. 2200°C heiße W-Schiffchen gefördert und der Dampf
auf den in 25 cm Abstand vom Schiffchen angebrachten Substraten niedergeschlagen.
Die Substrate sind Glasplättchen von 1 mm Dicke und 6 mm
Durchmesser. Die 9 Bohrungen der Aufdampfmaske haben einen
Durchmesser von 5,03±1 mm. Die Aufdampfschichten können

ohne weitere Bearbeitung (z.B. durch Schneiden, was zusätzliche magnetische Anisotropien erzeugen könnte) für Magnetisierungsmessungen eingesetzt werden.

Die Substrate befinden sich zwischen den Polschuhen eines Permanentmagneten ($H_o$ = 0.1 T) und können durch einen Kinostrahler bis ca. $800^o$C aufgeheizt werden. Sie Substrattemperatur wird mit einem Ni-CrNi-Thermoelement gemessen, dessen Perle in ein Glasplättchen eingeschmolzen ist, das mit den Substraten identisch ist und anstelle eines Substrates in die Maske eingesetzt wird.

Der Druck vor dem Aufdampfen war in der Regel < $4 \times 10^{-6}$ Pa und schwankte während des Aufdampfens zwischen 1.5 und $4 \times 10^{-5}$ Pa. Die Aufdampfrate lag bei 600 $\overset{o}{A}$/min und es wurden Schichten von 2000 - 3000 $\overset{o}{A}$ Dicke hergestellt.

Das Ausgangsmaterial waren $SmCo_5$-Brocken der Fa. Goldschmidt, Essen, und $Sm_2Co_{17}$-Brocken von Prof. Buschow, Fa. Philips, Eindhoven. Die Brocken wurden zerkleinert und die Körner gesiebt. Korngrößen von 0.2 - 0.3 mm haben sich als günstig erwiesen. Bei feinerem Korn findet sich stets Pulver in den Schichten, Körner > 0.5 mm verdampfen nicht sofort sondern schmelzen auf, und das Co legiert mit dem W-Schiffchen.

## 3. Mikrostruktur der Schichten

Alle Schichten waren metallisch blank und bei Lagerung an der Luft über Monate stabil.

Das Co/Sm-Verhältnis x, das durch Röntgenfluoreszenzanalyse bestimmt wurde, lag im Bereich $3.0 \leqslant x \leqslant 5.2$, was 75.0 - 83.9 at % Co entspricht.

Bei Substrattemperaturen $T_{sub} \lesssim 400^{\circ}$ C waren die Schichten amorph. Die Amorphizität wurde mit Hilfe von Transmissions- und Beugungsaufnahmen am Elektronenmikroskop untersucht. Zu diesem Zweck wurde eine 400 Å -Schicht auf einen NaCl-Einkristall aufgedampft und in Wasser abgelöst, wobei mit bloßem Auge keine Veränderung der Schicht zu beobachten war.

Fig. 2  zeigt das Gefüge einer bei Raumtemperatur aufgedampften Schicht und das dazugehörige Beugungsbild (in Zusammenarbeit mit U. Köster, Werkstoffe I, Maschinenbau, RUB).

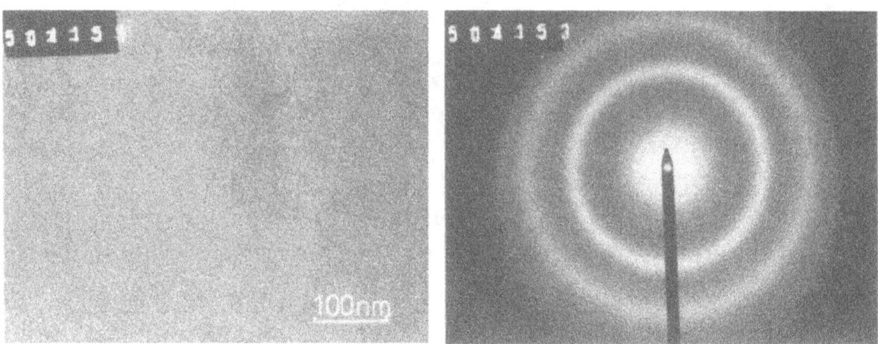


Fig. 2     Transmissionselektronenmikroskop -
           Bild des Gefüges und zugehörige Elektronen-
           beugungsaufnahmen einer 400 Å dicken,
           amorphen SmCo-Schicht

Das Beugungsbild mit seinen breiten Ringen ist typisch für amorphes Material. Aus dem ersten Ring ergibt sich ein mittlerer Atomabstand von ca. 3 Å zwischen nächsten Nachbarn. Die Kleinwinkelstreuung läßt auf eine zusätzliche Struktur mit einer Periode von ca. 60 Å schließen. Das Gefügebild legt die Annahme von Bereichen eben dieses

Durchmessers nahe, die durch schmale Stege von ca. 10 Å
Breite voneinander getrennt sind.

Bei Gd-Co-Schichten wurde eine ähnliche Mikrostruktur gefunden und festgestellt, daß die Stege reich an Sauerstoff
sind (9,10,11).

Die Auger-Analyse der eigenen Schichten ergab bis zu 10 at %
(= 4.5 Gew.%) Sauerstoff (Fig. 3),was ein durchaus üblicher
Wert für amorphe Schichten (12) ist. Die übrigen Gase
bleiben unter 1 at %, W aus dem Aufdampfschiffchen war nicht
nachzuweisen (in Zusammenarbeit mit K. Hartig, Exp.Phys. IV,
RUB).

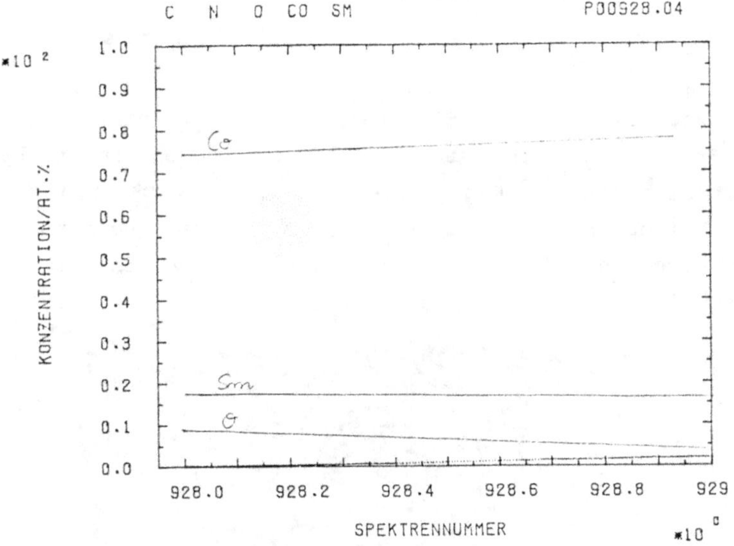


Fig. 3    Auger-Tiefenprofil einer 2200 Å dicken
          SmCo-Schicht
          (links: Oberfläche, rechts: Substrat)

Es ist zu erwarten, daß der Sauerstoffgehalt die Eigenschaften der Schichten beeinflußt. So wird z.B. bei Gd-Co-
Schichten die beim Tempern auftretende magnetische Senk-
recht-Anisotropie mit der Bildung eines Oxidgerüstes im Bereich dieser Stege erklärt (11).

Die beobachtete Mikrostruktur wird mit kolumnarem Wachs-
tum durch Abschattungseffekte erklärt (9) (Fig. 4).

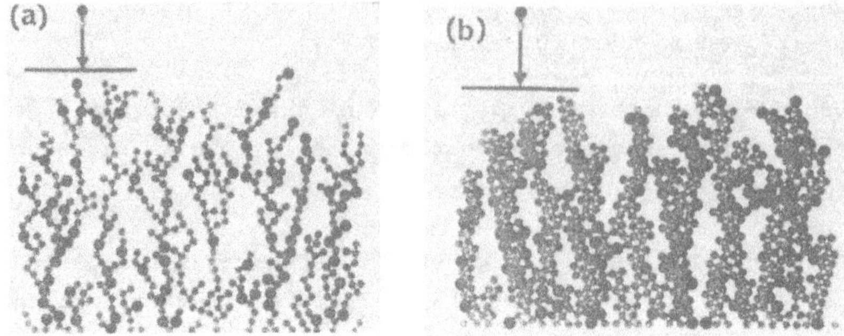

Fig. 4   Aufwachsformen aus der Dampfphase bei
senkrechtem Einfall

    (a):   Teilchen bleiben an der Auftreff-
        stelle liegen

    (b):   Teilchen wandern in die nächstgelegene Lücke

(aus (9))

Es wurde versucht, die Säulenstruktur durch Untersuchung
der Bruchflächen im Rasterelektronenmikroskop unmittelbar
sichtbar zu machen. Dazu wurde eine 5000 $\overset{o}{A}$ dicke Schicht auf
NaCl aufgedampft, zerbrochen und die Bruchfläche der Schicht
zur Vermeidung elektrostatischer Aufladungen dünn mit Gold
bedampft.

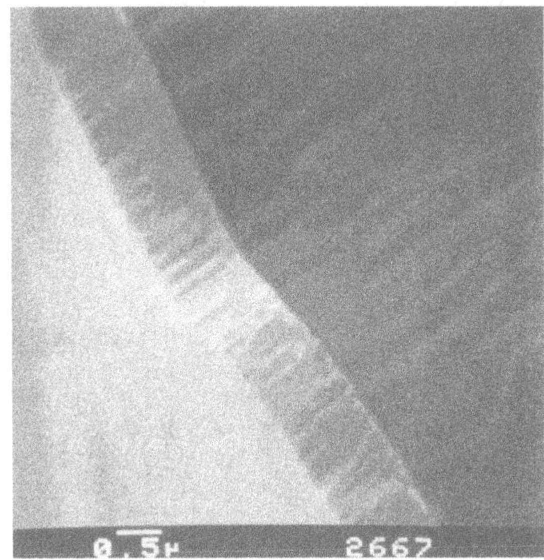


Fig. 5   Rasterelektronenmikroskop-Bild von der
Bruchfläche einer amorphen SmCo-Schicht (hell)

Fig. 5 zeigt die säulenartige Struktur parallel zur Auf-
dampfrichtung (in Zusammenarbeit mit H.-G. Hillenbrand,
Werkstoffe I/Maschinenbau, RUB).
Inwieweit diese Struktur durch das Bruchverhalten der
NaCl-Unterlage beeinflußt und beim Kristallisieren durch
Tempern verändert wird, soll noch näher untersucht werden.

Fig. 6 zeigt die Strukturveränderungen der amorphen
Schicht aus Fig. 2 beim Aufheizen im Elektronenmikroskop
(Aufnahme in Transmission).

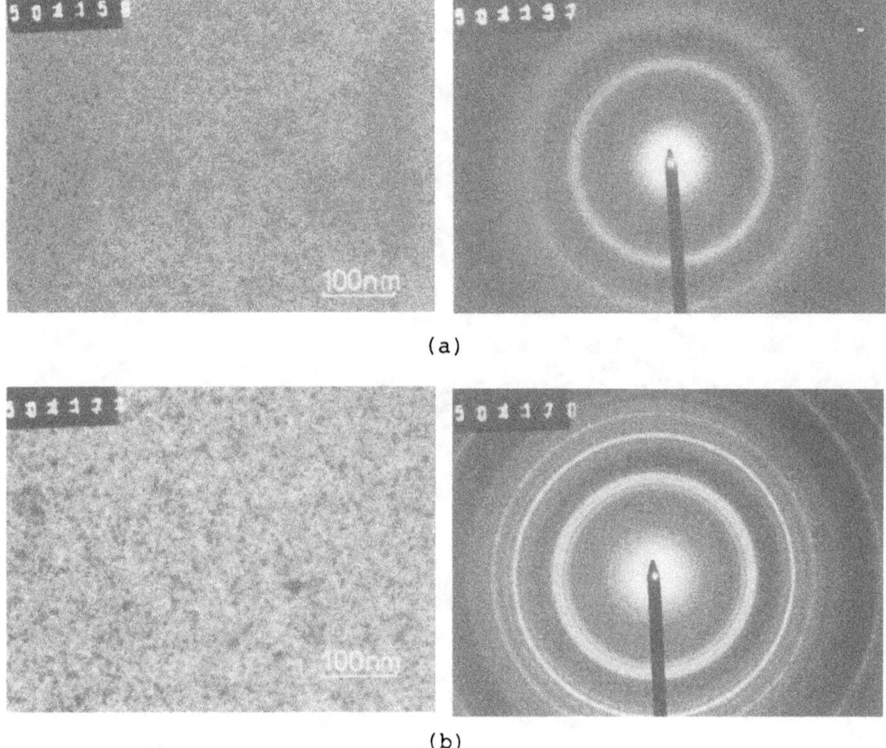

(a)

(b)

Fig. 6    Transmissions-Elektronenmikroskop-
          Aufnahmen des Gefüges und die zugehörigen
          Elektronenbeugungsbilder einer SmCo-Schicht

          (a) amorphe Schicht nach kurzzeitigem
              Aufheizen im Mikroskop
          (b) Schicht im Mikroskop kristallisiert

Es bilden sich zunächst winzige Kristallite inner-
halb der Mikrostruktur von Fig. 2a; die Intensität
der Kleinwinkelstreuung wird größer, die 60 $\overset{o}{A}$-Periodi-
zität bleibt jedoch erhalten.

Das vollständig kristallisierte Material hat eine
Korngröße von 100 - 200 $\overset{o}{A}$. Das Beugungsdiagramm zeigt
verschiedene SmCo-Phasen und zusätzlich $Sm_2O_3$-Linien.

## 4. Magnetisierungs-induzierte Anisotropie

Alle amorphen SmCo-Schichten, die in einem externen
Magnetfeld $H_o$ mit $H_o$ parallel zur Schichtoberfläche ge-
dampft wurden, zeigen eine starke uniaxiale Anisotropie
der Magnetisierung mit Vorzugsrichtung parallel zu $H_o$.
Sie sind permanent magnetisch und ihr remanentes Moment
beträgt 96 % - 99 % des Sättigungsmoments.

Fig. 7 zeigt den Typ von Hysteresekurve, der für Materialien mit uniaxialer Anisotropie erwartet wird (14).

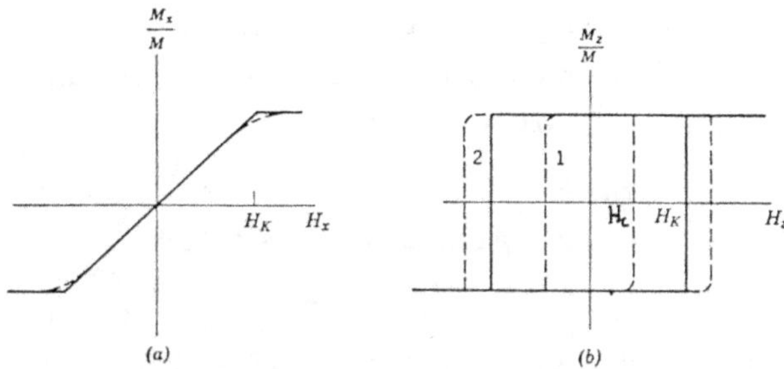

Fig. 7  Hysteresekurve für dünne Filme
      (a) in der harten Richtung
      (b) in der leichten Richtung
     — — theoretische Kurven
     ·  ·  experimentelle Kurven
(aus (14))

In der schweren Richtung (Fig. 7 a) ändert sich die
Magnetisierung bis zum Anisotropiefeld $H_K$ linear
und hysteresefrei. In der leichten Richtung (Fig. 7 b)
ergibt sich durch Rotationsprozesse eine Rechteck-
schleife, bei der das Koerzitivfeld $H_C$ gleich dem Anisotropiefeld $H_K$ ist. Dies ist in amorphen SmCo-Schichten
nicht der Fall (Fig. 8). (Alle Magnetisierungskurven
wurden im Inst. f. Werkstoffe der Elektrotechnik, RUB,
gemessen. Für die technische Einweisung danken wir A.Nest.)

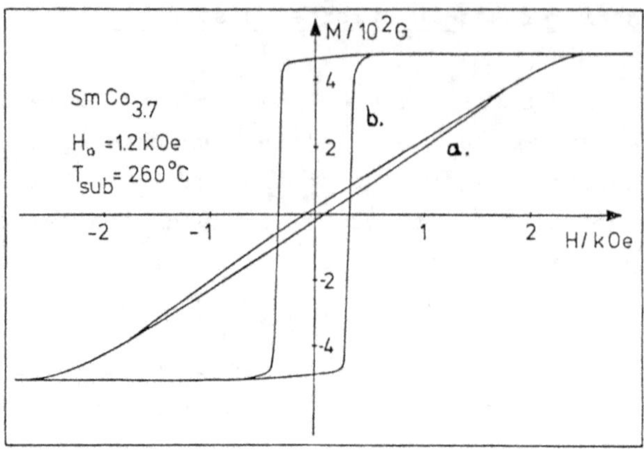



Fig. 8    Hystereseschleife einer amorphen
          SmCo-Schicht mit uniaxialer Anisotropie
          (H in Schichtebene)

          a. schwere Richtung ($\perp H_o$), $H_K$ =2300 Oe
          b. leichte Richtung ($\parallel H_o$), $H_C$ = 300 Oe


$H_C < H_K$ zeigt, daß das Umschalten durch Wandbewegung und
nicht durch Rotation der Magnetisierung geschieht.

Die Größe der uniaxialen Anisotropiekonstanten $K_u$ läßt
sich aus der Sättigungsfeldstärke $H_K$ der Magnetisierung
senkrecht zur Vorzugsrichtung entnehmen:

$$H_K = \frac{2K_u}{M_S}$$

Als Ursache für die magnetisierungsinduzierte Anisotropie in amorphen Materialien werden drei Mechanismen
in Betracht gezogen:

          - die Ordnung von Atompaaren
          - die Ordnung von Verunreinigungen
          - die Ausrichtung der atomaren Nahordnung.

Bei Paarordnungsanisotropie ergibt sich die Anisotropiekonstante $K_u$ zu (15):

$$K_u = f(c) \left(\frac{M(O)}{M(O)}\right)^2 \left(\frac{M(T)}{M(O)}\right)^2 / O$$

(M($\Theta$) = Magnetisierung bei der Tempertemperatur O

M(T) = Magnetisierung bei der Meßtemperatur T

M(O) = Magnetisierung bei T = O K)


f(c) ist eine Funktion, die von der Konzentration der sich ordnenden Atomsorte abhängt. Dabei ist


$$f(c) = c \qquad \text{für monoatomare Ordnung}$$

$$f(c) = c_a^2 \qquad \text{für diatomare Ordnung}$$

$$f(c) = c_a^2 \, c_b^2 \qquad \text{für Ordnung von zwei verschiedenen Atomsorten a und b}$$


Die hier beobachtete Konzentrationsabhängigkeit läßt sich mit $K_u \sim c$ beschreiben (Fig. 9).


$K_u \sim c$ würde eine monoatomare Anisotropie anzeigen entsprechend der Vorstellung, daß sich die Sm-Atome relativ zum Co orientieren und diese während des Aufdampfens entstehenden Atomkoordinationen unter Einwirkung der Magnetisierung eine gewisse Ausrichtung erfahren.
$K_u \sim c^2$ würde auf eine Ausrichtung von Co-Paaren hindeuten.


Diese Frage muß wegen der noch relativ großen Streuung der Meßpunkte und des beschränkten Konzentrationsbereichs durch weitere konzentrations- und temperaturabhängige Messungen, sowie eine genauere Bestimmung des Anisotropiefeldes aus Torsionsmessungen noch genauer untersucht werden.

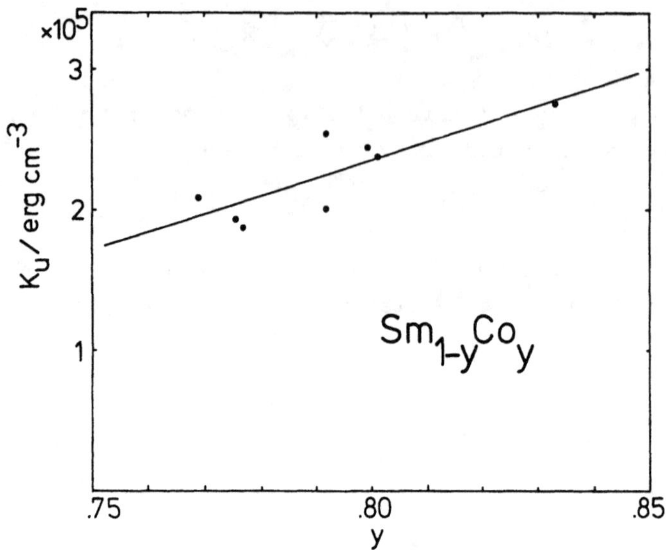



Fig. 9   Anisotropiekonstante in Abhängigkeit
von der Co-Konzentration

## 5. Domänenverhalten

Die Hystereseschleifen der amorphen Schichten sind in
der leichten Richtung rechteckig, wie bereits in Fig. 8
an einem Beispiel gezeigt wurde.
Die Koerzitivkräfte sind mit 300 - 600 Oe (Fig. 10) wesentlich kleiner als in kristallinen Sm-Co-Verbindungen.

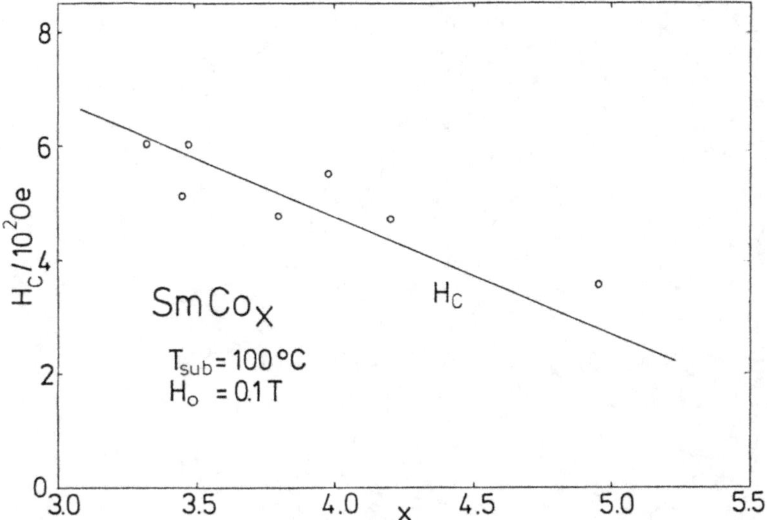


Fig. 10    Änderung des Koerzitivfeldes $H_C$
mit dem Co/Sm-Verhältnis

Dies entspricht der Erwartung, daß sich die Kristallanisotropie, die für die hohen Koerzitivfelder im
kristallinen Material verantwortlich ist, im amorphen
Zustand weitgehend herausmittelt.
Domänenbeobachtungen mit Bitter-Technik zeigen das als
"charged walls" bekannte Verhalten der Domänenwände, das
mit einem Hilfsfeld senkrecht zur Schichtebene sichtbar
gemacht werden kann (Fig. 11). Wenn die Bitter-Teilchen
durch das Hilfsfeld zur Schichtebene so orientiert werden,
daß ihre positiven Pole zur Schicht hinzeigen, so werden
sie von einer negativen Wand angezogen (schwarze Linien)
und von einer positiven Wand abgestoßen (weiße Linien).

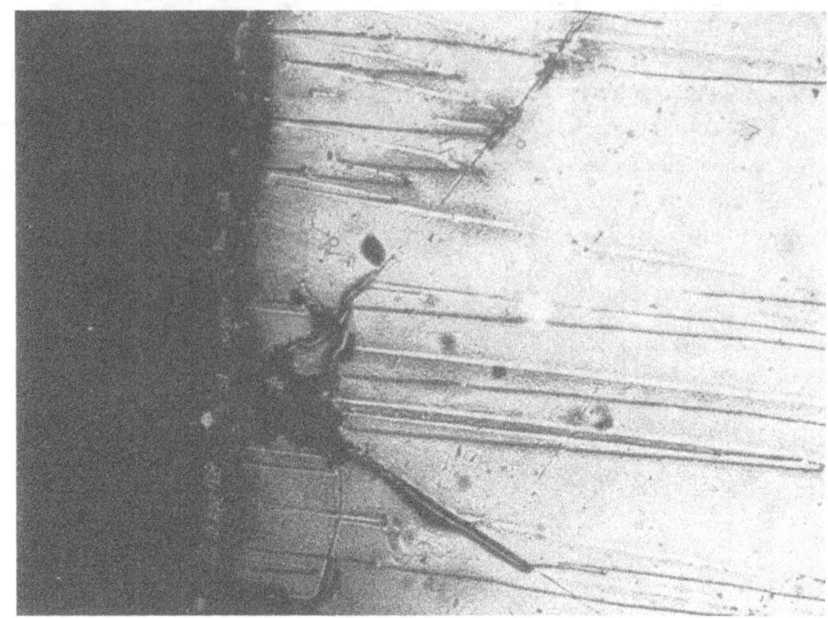

(a)

(b)

Fig. 11 Domänenwände in einer amorphen SmCo-Schicht

(a) $H_\perp > 0$

(b) $H_\perp < 0$

Bei Feldumkehr (Fig. 11a → Fig. 11b) sammeln sich die
Teilchen auf den positiven Wänden und werden von den nega-
tiven abgestoßen. Die Magnetisierung ist parallel zur
Winkelhalbierenden gerichtet.

Zur Nukleation von Domänen wurde ein Hilfsfeld senkrecht
zur Schichtoberfläche benötigt. Die Domänen entstehen
dann an den Schichträndern, wo offensichtlich die Anisotropie kleiner ist als in der Schichtmitte. Vermutlich
hängt dies damit zusammen, daß im Randbereich die
Schicht infolge der Halbschattenwirkung der Aufdampfmaske keilförmig ausläuft und dadurch gegen Reaktionen
mit dem Sauerstoff vom Glasträger wesentlich empfind-
licher wird. An Gd-Co-Schichten wurde beobachtet (12),
daß die ersten 120 Å stark oxidhaltig sind. Es ist daher
anzunehmen, daß unsere SmCo-Schichten den in Fig. 12
skizzierten Aufbau haben, wobei nicht ausgeschlossen ist,
daß durch die selektive Oxidation des Sm im äußersten
Randbereich reine Co-Partikel vorhanden sind, die als
Nukleationszentren für Domänen dienen können.

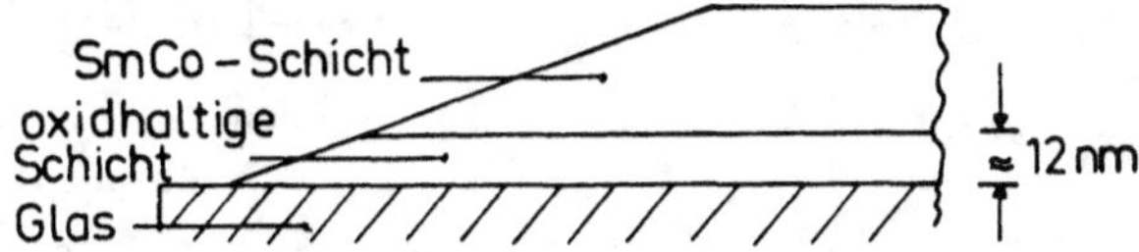


Fig. 12    Randbereich einer SmCo-Schicht im Querschnitt

## 6.  Das magnetische Moment des Co und elektrischer Widerstand

Es ist bekannt, daß das magnetische Moment des Co-Atoms
in kristallinen Seltene Erd-Co-Verbindungen gegenüber
dem Moment in Co-Metall stark reduziert ist (16, 17, 18).
Dafür gibt es zwei Erklärungen:

1)    Sog. "Elektronentransfer" von den Seltenen
      Erden in das 3d-Band des Co, so daß dessen
      Moment proportional zur Seltene Erd-Konzen-
      tration und dem spezifischen Transfer pro
      Atom erniedrigt wird.

2)    3d-Bandverbreiterung durch dichtere Packung
      der Co-Atome in der Kristallstruktur der Le-
      gierung, was eine Zunahme der Fermienergie
      gegenüber der Austauschenergie und somit eine
      Verringerung der Spinpolarisation der itine-
      ranten Elektronen bewirkt.

In Fig. 13 ist die Abhängigkeit des Co-Momentes von der
SE-Konzentration in amorphen Schichten für verschiedene
Seltene Erden dargestellt.

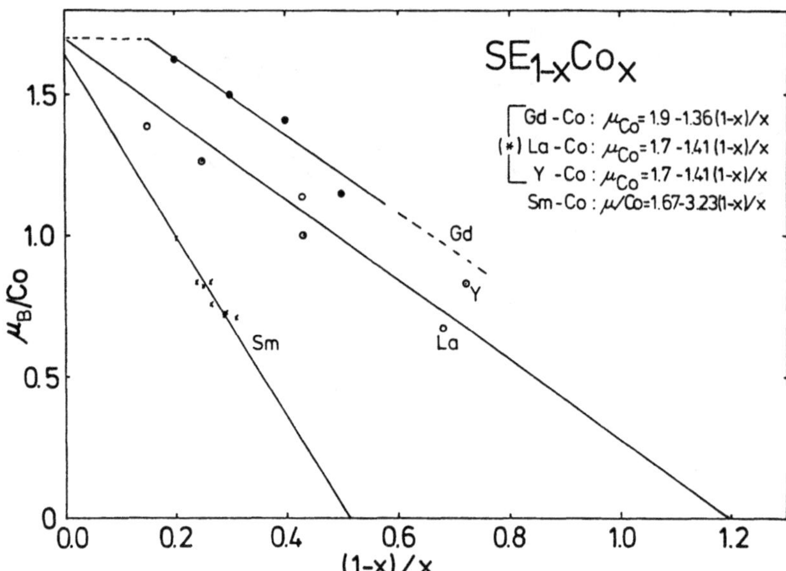


Fig. 13  Abhängigkeit des Co-Momentes von der Gd-, La-, Y- und
         Sm-Konzentration in amorphen SE-Co-Schichten ((*): (18))

Das Co-Moment nimmt in allen Fällen von dem Wert
1.7 $\mu_B$ des reinen Co linear mit dem SE/Co-Verhältnis
ab. Die Steigung liefert die Zahl der "transferierten"
Elektronen pro Co-Atom. La, Y und Gd übertragen demnach
ca. 1.4 Elektronen. Dieser Wert ist kleiner als im kristallinen Material. Das Sm scheint mit 3.2 etwa doppelt so
viele Eelktronen abzugeben. Dieser Wert muß als Schätzung
betrachtet werden, da die wahre Sättigungsmagnetisierung
aus Messungen bei Raumtemperatur nicht zuverlässig herge-
leitet werden kann und die Dichte der Schichten nicht ge-
nau genug bekannt ist.

Der elektrische Widerstand der Schichten nimmt in dem
untersuchten Konzentrationsbereich mit zunehmender Sm-
Konzentration zu (Fig. 14).

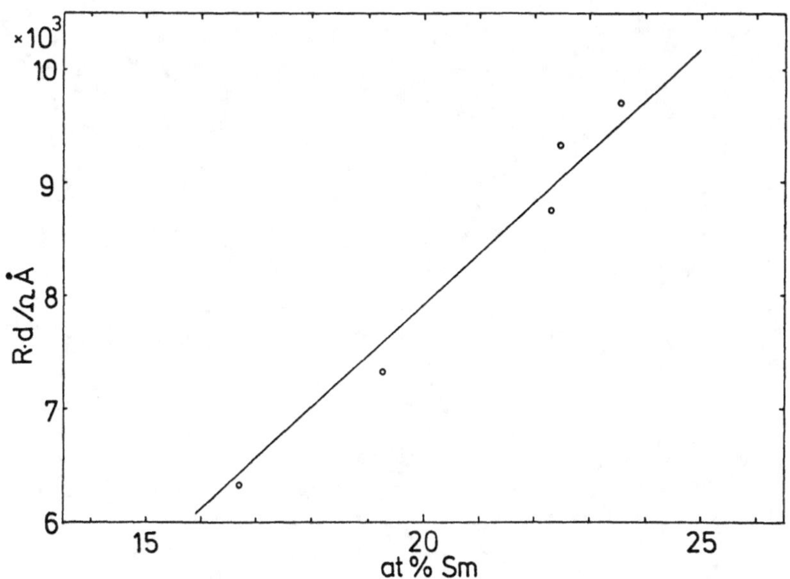


Fig. 14  Abhängigkeit des elektrischen Widerstandes
         von der Sm-Konzentration

Für dieses Verhalten können der Ladungstransfer oder die
Verschiebung der Fermienergie zu Energien mit anderer
Zustandsdichte verantwortlich sein.
Im ersten Falle sollte bei der Konzentration, bei der
das Co-Moment verschwindet, eine Änderung in der Konzentrationsabhängigkeit des Widerstandes eintreten. Im zwei-
ten Fall könnte sich bei bestimmten Konzentrationen ein
negativer Temperaturkoeffizien des Widerstandes ergeben.
Dies wird z.B. bei amorphem Fe-B gefunden und mit der
Stabilität des amorphen Zustandes in Verbindung gebracht.
In dieser Hinsicht ist die lineare Konzentrationsabhängigkeit des Widerstands  in Fig. 14 ein interessantes Er-
gebnis.

## 7. Aufdampfen auf heiße Träger

Die atomare Nahordnung hängt stark von der Substrattemperatur $T_{sub}$ während des Aufdampfens ab. Dies spiegelt sich in Änderungen der magnetischen Hysterese wieder.

In Fig. 15 und Fig. 16 sind die wesentlichen Kenngrößen der Hystereseschleifen für verschiedene Unterlagentemperaturen dargestellt.

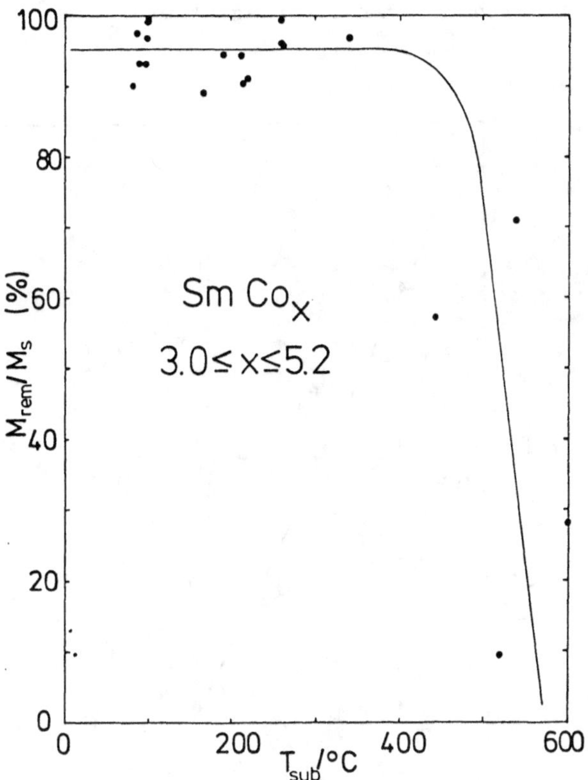


Fig. 15  Einfluß der Substrattemperatur während
des Aufdampfens auf die relative Remanenz ($H_o$ = 0.1 T)

Bis zu einer Substrattemperatur von ca. 300 $^{\circ}$C ergeben
sich hohe Remanenz und gute Rechteckschleifen mit ausge-
prägter unaxialer Anisotropie. Bis ca. 350 $^{\circ}$C schließt
sich ein Mehrphasengebiet an, die Schichten sind jedoch
immer noch anisotrop, da die Magnetisierung der einzelnen
Phasen stets in die durch das äußere Feld vorgegebene
Richtung weist. Ab ca. 400 $^{\circ}$C sind die Filme dann magnetisch isotrop und die Schleifen werden flach.

Auch die Größe von Koerzitiv- und Anisotropiefeld hängen
ganz empfindlich von der Unterlagentemperatur ab (Fig. 16).

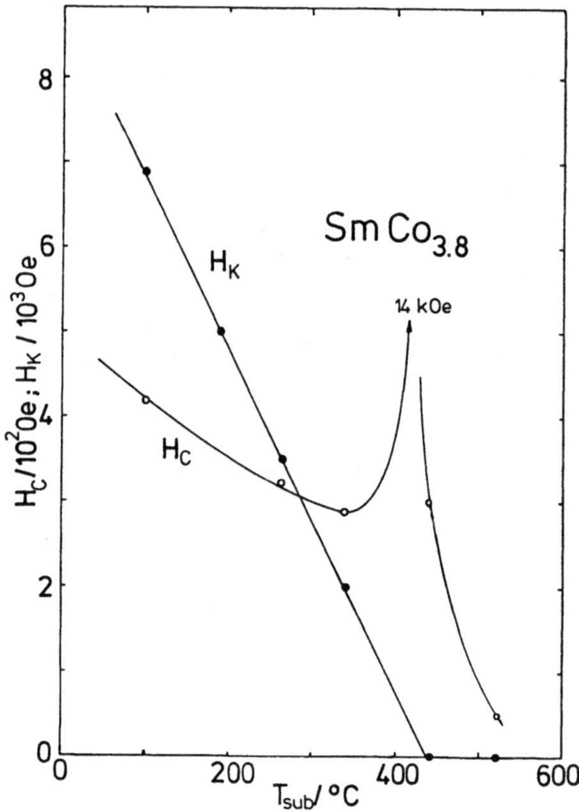


Fig. 16  Einfluß der Substrattemperatur auf
Koerzitivfeld ($H_C$) und Anisotropiefeld ($H_K$)

Die höchsten Koerzitivfelder lagen bei 14 KOe. Diese
Schichten konnten mit dem vorhandenen Magnetfeld von
16 kOe nicht mehr gesättigt werden.

Die wesentlichen Ergebnisse dieser Versuche sind:

1)  Für $T_{sub} \leqslant 300\ ^{o}C$ sind die Schichten sehr
    stark anisotrop, die Koerzitivfelder sind
    jedoch klein

2)  In einem engen Temperaturbereich um $T_{sub} = 400\ ^{o}C$
    werden die Koerzitivfelder denen des kommer-
    ziellen kristallinen Materials vergleichbar,
    die Filme sind jedoch magnetisch isotrop.

3)  Für $T_{sub} \geqslant 450\ ^{o}C$ sind die Schichten isotrop
    mit kleinen Koerzitivfeldern

Unter den bisher möglichen experimentellen Bedingungen
ließen sich keine anisotropen Schichten mit Koerzitivkräften wie in kristallinen Material herstellen.
In Zukunft sollen die Schichten in einem wesentlich stärke-
ren Magnetfeld aufgedampft werden, um die Temperaturab-
hängigkeit der Magnetisierung zu kompensieren.

## 8.  Veränderungen der Schichteigenschaften durch Tempern

Es sollte herausgefunden werden, ob die mikroskopischen
Orientierungen, die für die unaxiale Anisotropie der amorphen Schichten verantwortlich sind, als Kristallisationskeime genutzt und so Schichten mit ausgerichteten Kristall-
achsen hergestellt werden können.
Die Kristallisationstemperatur liegt, wie Widerstandsmessungen zeigen, bei ca. $400\ ^{o}C$ (Fig. 17).

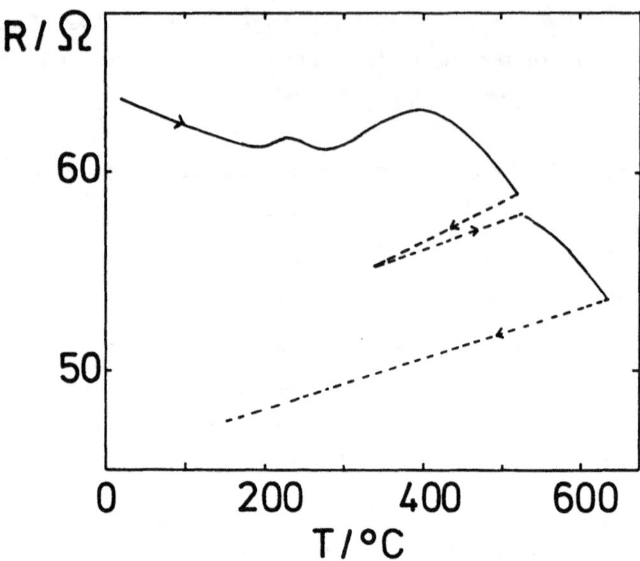


Fig. 17    Abhängigkeit des elektrischen Wider-
           standes einer amorphen Sm-Co-Schicht
           von der Unterlagentemperatur


Der elektrische Widerstand ist im Bereich
100 $^{\circ}$C $\leqslant$ T $\leqslant$ 350 $^{\circ}$C nur schwach von der Temperatur ab-
hängig, durchläuft bei 400 $^{\circ}$C ein Maximum  und fällt
zu höheren Temperaturen stark ab.

Es wurden anisotrope und isotrope Schichten ohne äußeres
Magnetfeld und mit $H_{ext}$  = 0.1 T im Temperaturbereich
100 $^{\circ}$C $\leqslant$ $T_{ann}$ $\leqslant$ 600 $^{\circ}$C jeweils für 2 Stunden in einem Vakuum von 4 x 10$^{-6}$ Pa getempert.


Fig. 18 a zeigt am Beispiel einer zunächst isotropen,
amorphen Schicht die Entwicklung der Hysteresekurve mit
zunehmender Unterlagentemperatur beim Tempern im äußeren
Magnetfeld. Fig. 18 b zeigt eine anisotrope Schicht, die
ohne äußeres Feld getempert wurde.

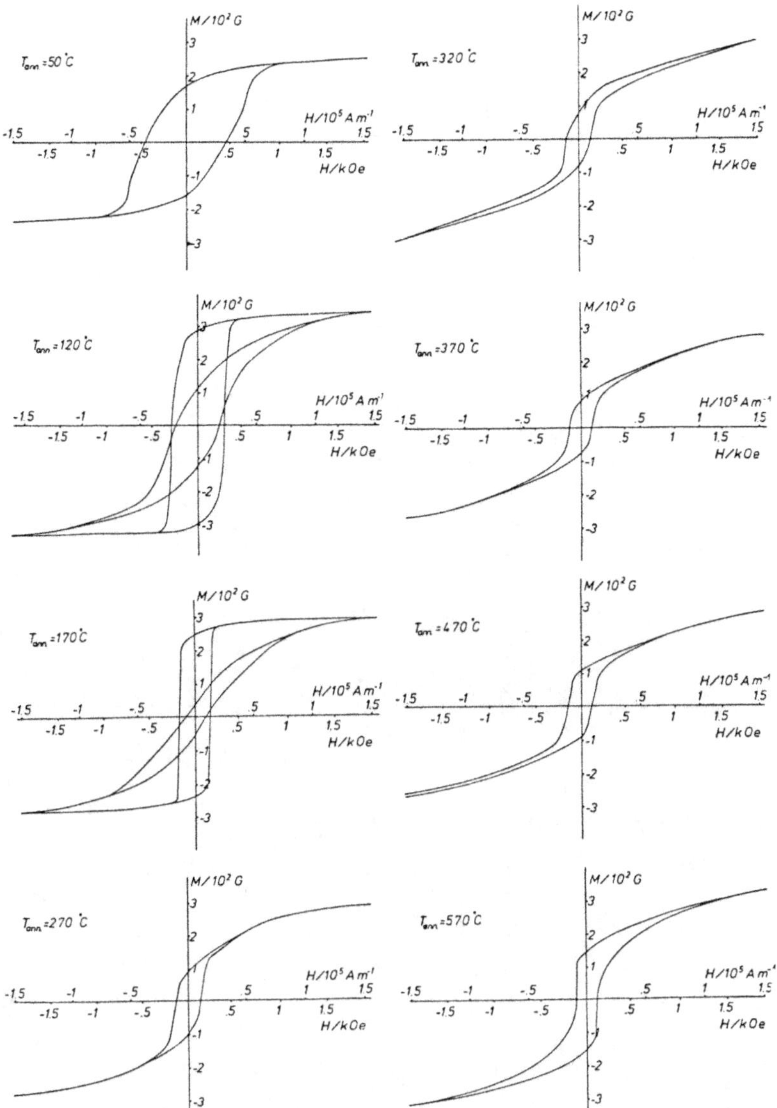



**Fig. 18a:** Änderung der Hysteresekurven einer amorphen $SmCo_{3,7}$-Schicht beim Tempern (Messung bei Raumtemperatur; aufgedampft bei $H_o = 0$; getempert bei $H_{ext} = 0.1$ T)

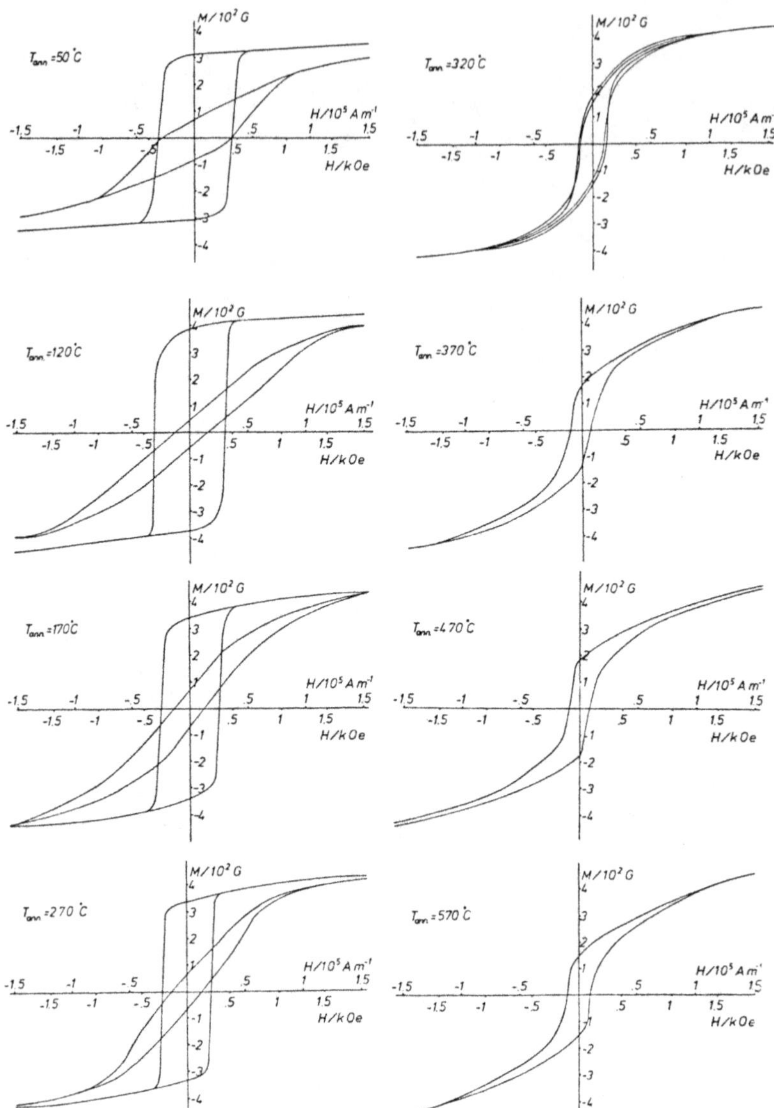

**Fig. 18b:** Änderung der Hysteresekurven einer amorphen SmCo$_{3.9}$-Schicht beim Tempern (Messung bei Raumtemperatur; aufgedampft bei H$_o$ = 0.1 T ; getempert bei H$_{ext}$ = 0)

Die Temperversuche haben die folgenden Ergebnisse:

- Isotrope, amorphe Schichten werden durch Tempern im äußeren Feld ($100\ ^{O}C \leqslant T_{ann} \leqslant 300\ ^{O}C$) anisotrop.

- Anisotrope, amorphe Schichten behalten auch beim Tempern ohne äußeres Feld ihre Vorzugsrichtung bei.

- Für $T_{ann} > 350\ ^{O}C$ sind alle Schichten magnetisch isotrop.

- Die Remanenz der isotropen,polykristallinen Schichten liegt bei ca. $0.5\ M_S$, wie für Rotationsprozesse in regellos angeordneten Kristallen mit uniaxialer Anisotropie zu erwarten ist. Im Gegensatz zu den auf geheizte Unterlagen aufgedampften Schichten wurden in dem bisher untersuchten Temperaturbereich keine stufenförmigen Entmagnetisierungskurven, die auf Mehrphasigkeit schließen lassen, beobachtet.

- Bei allen Proben nimmt das Koerzitivfeld (gemessen bei Raumtemperatur) mit zunehmender Unterlagentemperatur auf ca. 100 Oe ab - unabhängig von der Vorgeschichte oder dem angelegten Magnetfeld.

- In einigen Fällen deutet sich für $T_{ann} \geqslant 550\ ^{O}C$ ein Wiederanstieg in $H_c$ an. Ob dies - wie im kristallinen Material - als eine Folge von $Sm_2Co_7$-und $Sm_2Co_{17}$-Ausscheidung erklärt werden kann (19,20), oder ob es sich lediglich um Spannungsanisotropien handelt, muß noch geklärt werden.

Es ist bisher nicht gelungen, die mikroskopischen Orientierungen, die für die uniaxiale Anisotropie in der Schichtebene verantwortlich sind, als Kristallisationskeime zu nutzen. Als Gründe dafür sind wahrscheinlich:

- Verlust von Sm durch Abdampfen
- zu schnelles Kristallisieren
- Ausbildung verschiedener kristalliner Phasen beim Kristallisieren
- zu kleine Magnetisierung bei $T/T_c \approx 0.6$

Um das magnetische Verhalten günstiger zu beeinflussen, sollte man

- den Restgasgehalt der Schichten reduzieren
- nicht im Vakuum, sondern unter Normaldruck in Inertgasatmosphäre tempern
- lange Zeiten bei niedrigen Temperaturen tempern
- während des Temperns ein höheres Magnetfeld anlegen

An der Realisierung dieser Maßnahmen wird gearbeitet.


## 9. Fremdzusätze

Es ist bekannt, daß das Zulegieren verschiedenster Elemente zu kristallinem $SmCo_5$ das Koerzitivfeld drastisch erhöht, weil die Fremdzusätze als Pinning-Zentren für die Blochwände wirken. Hier hat sich besonders die teilweise Substitution von Co gegen Cu bewährt (21).

Eigene Untersuchungen wurden an $SmCo_{4.5} Cu_{0.5}$ durchgeführt. Es ergab sich, daß bei amorphen Schichten die Cu-Substitution weder auf $H_C$ noch auf $H_K$ noch auf die Quadratizität der Hystereseschleifen einen Einfluß hat. Dagegen wird das Koerzitivfeld bei hohen Substrattemperaturen $T_{sub} \approx 600\ ^\circ C$ so weit erhöht, daß es mit dem derzeit für das Projekt verfügbaren Magnetometer nicht gemessen werden konnte. Diese Schichten sind - wie die reinen, kristallinen $SmCo_5$-Schichten - magnetisch isotrop.

10. <u>Zusammenfassung</u>

(1) Durch Flash-Verdampfen lassen sich reproduzierbar
amorphe SmCo-Schichten über einen weiten Zusammen-
setzungsbereich herstellen. Es bildet sich eine
säulenartige Struktur senkrecht zur Schichtebene aus.

(2) Durch Aufdampfen in einem zur Schichtoberfläche
parallelen Magnetfeld wird eine sehr gute uniaxiale
Anisotropie von der Größenordnung $K_u = 10^5$ erg cm$^{-3}$
erzeugt. Die Schichten sind Permanentmagnete mit
einem Moment von ca. 96 - 99 % des Sättigungs-
momentes. Die Hystereseschleifen sind rechteckig
in der Vorzugsrichtung und linear und nahezu ge-
schlossen senkrecht dazu.

(3) Domänenbeobachtungen mit Bittertechnik zeigen grad-
linige 180 $^O$-Wände, die durch ein Hilfsfeld senkrecht zur Schicht erzeugt werden müssen und aus-
schließlich in den Randzonen entstehen.

(4) Aus der Sättigungsmagnetisierung läßt sich ableiten,
daß, wie im kristallinen Material, ein Elektronentransfer von Sm zum Co stattfindet. Für den quantita-
tiven Vergleich werden noch Tieftemperaturmessungen
benötigt.

(5) Aufdampfen auf geheizte Unterlagen mit Temperaturen
$T_{sub} > 400$ $^O$C führt zu kristallinen Schichten mit einer
Koerzitivkraft von 14 kOe . Die Schichten sind jedoch
isotrop.

(6) Das nachträgliche Tempern von amorphen Schichten im
Magnetfeld führt zu isotropen, kristallinen Schichten
mit kleinen Koerzitivkräften.

(7) Substitution von Co gegen Cu zeigt bei amorphen Schichten keinen Einfluß auf $H_c$ und $H_K$, erhöht die Werte
aber drastisch bei kristallinen Schichten. Auch diese
kristallinen Schichten sind isotrop.

## Literatur

(1)    K. Kumar, D.Das, E. Wettstein
       J.A.P. $\underline{49}$ (78) 2052

(2)    H.C. Theuerer et al.
       J.A.P. $\underline{40}$ (1969) 2994

(3)    S.A. Bendson, J.H. Judy
       IEEE Transactions on Magnetics, Vol. MAG-9
       (1973) 627

(4)    J.W. Larsen, B.R. Livesay
       J.A.P. $\underline{50}$ (1979) 7687

(5)    Zhang Chuanli et al.
       Intermag. Conf., Boston 1980

(6)    A. Nest
       Diplomarbeit, Ruhruniversität Bochum, 1976

(7)    M.C. Willson et al.
       AIP Conf. Proc. $\underline{24}$ (1975) 689

(8)    R.P. Allen et al.
       Tech. Rept. AFML-TR-74-87, Mai 1974

(9)    H.J. Leamy, A.G. Dirks
       J.A.P. $\underline{49}$ (1978) 3430

(10)   H. Hoffmann, R. Winkler
       Verhandlungen der DPG 1/1979 (Beitrag AM 16 A)

(11)   H. Hoffmann, R. Winkler
       ICM, München 1979 (Beitrag 9 Z 10)

(12)   J.F. Graczyk
       AIP Conf. Proc. 34 (1976) 343

(13)   H.J. Leamy, A.G. Dirks
       J.A.P. $\underline{50}$ (1979) 2871

(14)   A.H. Morrish, John Wilay & Sons, Inc., 1966
       The Physical Principles of Magnetism, Chap. 7.11

(15)   J.C. Slonczewski in
       Magnetism I, Rado/Suhl, Academic Press, New York, 1963

(16)   R. Hasegawa, R.C. Taylor
       J.A.P. $\underline{46}$ (1975) 3606

(17)   R.C. Taylor, A. Gangulee
       J.A.P. $\underline{47}$ (1976) 4666

(18)    N. Heiman, N. Kazama
        Phys. Rev. B 17 (1978) 2215

(19)    F.F. Westendorp
        Sol. State  Comm. 8 (1970) 139

(20)    H. Kronmüller
        J. Magn. Magn. Mat. 7 (1978) 341

(21)    E.A. Nesbitt et al.
        Appl. Phys. Lett. 12 (1968) 361

# FORSCHUNGSBERICHTE
## des Landes Nordrhein-Westfalen

*Herausgegeben*
*vom Minister für Wissenschaft und Forschung*

Die ,,Forschungsberichte des Landes Nordrhein-Westfalen`` sind in
zwölf Fachgruppen gegliedert:

Geisteswissenschaften
Wirtschafts- und Sozialwissenschaften
Mathematik / Informatik
Physik / Chemie / Biologie
Medizin
Umwelt / Verkehr
Bau / Steine / Erden
Bergbau / Energie
Elektrotechnik / Optik
Maschinenbau / Verfahrenstechnik
Hüttenwesen / Werkstoffkunde
Textilforschung

WESTDEUTSCHER VERLAG
5090 Leverkusen 3 · Postfach 30 06 20

GPSR Compliance
The European Union's (EU) General Product Safety Regulation (GPSR) is a set
of rules that requires consumer products to be safe and our obligations to
ensure this.

If you have any concerns about our products, you can contact us on

ProductSafety@springernature.com

In case Publisher is established outside the EU, the EU authorized
representative is:

Springer Nature Customer Service Center GmbH
Europaplatz 3
69115 Heidelberg, Germany